晶彩珠饰界

JINGCAI ZHUSHIJIE

阿 瑛/编

中国纺织出版社

指导老师

曹雪红，湖南省衡阳市人，多年来一直从事串珠手工制作，设计开发了一系列美丽时尚的串珠作品。2005年在长沙东塘开设串珠门店，吸引了众多手工爱好者加入到手工串珠的队伍中。

前言 *Preface*

随着近年来手工艺术的火速升温，以串珠来造型，制作的各种精品逐渐受到人们青睐。巧思妙想，DIY出属于自己的心爱饰品，串珠不仅仅是悠闲时的娱乐，冲动时的创新，而且逐渐成为了当下新兴手工艺的引领者。

对于时下的人而言，他们有着自己的独特性与优越感，个性不仅是时代赋予他们的，更是他们有追求的。既然追求，继而时尚，手工串珠在此就变成了很好的契合点，巧思妙想的过程中激发独特的创造意识。

串珠以其简单的基本串法，利用基本形状可变幻出多种花样。根据个人的兴趣及对颜色的把握与喜好，串珠物件独特而栩栩如生。它不但赏心悦目，更是添加了生活的情趣，与此同时又是追求艺术与自我实现的一种统一。

本书是一本关于玩偶串珠的制作教程。从基本材料到工具使用的基本技巧一应俱全，并详细图解各种可爱玩偶的具体制作过程。精巧生动的彩珠娃娃，拥有可爱的外形，绚丽的色彩，或作为装饰包包的点睛之处，让包包增添几分活力；或作为手机挂饰，栩栩如生又独具创意的可爱作品让手机与众不同。书中提供了各种常用的制作技法，热爱手工的读者朋友，还可根据自己的想象和创意，创造出属于自己独特的作品来。

或许你想拥有一个独一无二的饰品，或许你想展示一下自己的创造力，那就动手制作属于自己的个性的串珠吧。它是一种令人瞩目的流行时尚，更是创业致富的捷径之一。

目 录 CONTENT

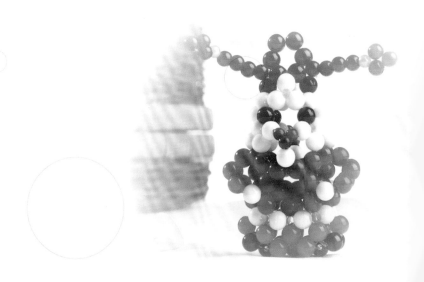

串珠材料、工具大集合

◎白色亚克力圆珠

◎白色四角中珠

◎蓝色透明地球珠

◎银色梦幻珠

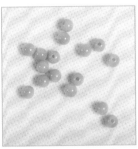

◎蓝色亚克力圆珠

◎蓝色地球珠

◎黄色亚克力圆珠

◎黄色南瓜珠

◎黄色地球珠

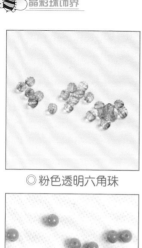

◎ 粉色透明六角珠

◎ 绿色四角中珠

◎ 粉色地球珠

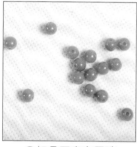

◎ 红色亚克力圆珠

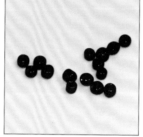

◎ 红色迷你珠

◎ 红色亚克力珠

◎ 红色地球珠

◎ 黑色四角珠

◎ 黑光珠

◎ 镊子

◎ 绣花剪

◎ 剪刀

◎ 无影线

财神
CAI SHEN

"恭喜发财!"
喜气洋洋的财神娃娃一定会给你带来好运!

制作过程

❀ Part 1 制作材料

黄色、黑色地球珠，红色、白色、黄色南瓜珠，红色亚克力圆珠，黑色六角珠。

❀ Part 2 头部、身体的制作

1.取1根线，左线穿4颗大黑珠(黑色地球珠)，最后1颗对穿。

2.左线穿1颗黄珠(南瓜珠)、2颗白珠、1颗大黑珠，最后1颗对穿。

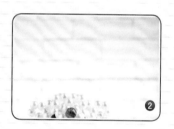

3.右线过1颗黑珠，左线穿2颗白珠、1颗黄珠，最后1颗对穿。

4.右线过1颗黑珠，左线穿2颗白珠和1颗黑珠，最后1颗对穿。

5.右线过1颗大黑珠和1颗黄珠，左线穿2颗白珠，最后1颗对穿。

6.右线过1颗白珠。

7.左线穿1颗黑珠、1颗白珠、2颗小红珠(红色亚力克圆珠)、1颗白珠、1颗大黑珠，最后1颗对穿。

8.右线过1颗白珠，左线穿2颗白珠，最后1颗对穿。右线穿1颗白珠，左线穿1颗白珠和1颗大黑珠，最后1颗对穿。

9.右线过1颗白珠，左线穿1颗白珠、2颗小红珠、1颗白珠、1颗大黑珠。

10.最后1颗对穿。右线过1颗白珠，左线穿2颗白珠，最后1颗对穿。右线过1颗白珠和1颗大黑珠。

11.左线穿1颗白珠，对穿。

12.左线穿1颗白珠、1颗大红珠(红色南瓜珠)、1颗白珠，最后1颗对穿。

13.右线过1颗白珠和1颗小红珠，左线穿2颗大红珠、1颗白珠、1颗小红珠，对穿小红珠和白珠（注意：2颗要一起对穿）。

14.右线过1颗小红珠、1颗白珠，左线穿2颗大红珠和1颗白珠，最后1颗对穿。

15.右线过1颗白珠，左线穿1颗大红珠和1颗白珠，最后1颗对穿。

16.右线过1颗白珠，左线穿1颗大红珠和1颗白珠，最后1颗对穿。右线过1颗白珠和1颗小红珠，左线穿2颗大红珠和1颗白珠，最后1颗对穿。右线过1颗小红珠和1颗白珠，左线穿2颗红珠和1颗白珠，最后1颗对穿。右线过2颗白珠。

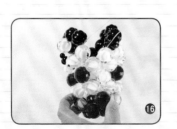

17.左线穿1颗大红珠，最后1颗对穿。左线过1颗大红珠。

18.左线穿3颗大红珠，最后1颗对穿。右线过2颗大红珠。

19.左线穿2颗大红珠，最后1颗对穿。右线过2颗大红珠。

20.左线穿3颗大红珠，最后1颗对穿。

21.右线过2颗大红珠，左线穿2颗大红珠，最后1颗对穿。右线过2颗大红珠，左线穿2颗大红珠，最后1颗对穿。右线过3颗大红珠。

22.左线穿2颗大红珠，最后1颗对穿。

Part 3 脚的制作

23.左线穿1颗白珠、1颗黄珠和1颗大红珠，最后1颗对穿。

24.右线过1颗红珠，左线穿1颗黄珠和1颗大红珠，最后1颗对穿，重复5次。右线过2颗大红珠。

25.左右线加1颗黄珠对穿。

26.左线穿3颗大红珠，最后1颗对穿，右线过1颗黄珠，左线穿2颗大红珠，最后1颗对穿。右线过1颗黄珠，左线穿1颗大黑珠和1颗大红珠，最后1颗对穿。

27.右线过1颗黄珠，左线穿1颗大黑珠和1颗大红珠，最后1颗对穿。

28.右线过1颗黄珠，左线穿2颗大红珠，最后1颗对穿。右线过1颗黄珠，左线穿2颗大红珠，最后1颗对穿。右线过1颗黄珠，左线穿1颗大黑珠和1颗大红珠，最后1颗对穿。

29. 右线过1颗黄珠和1颗大红珠，左线穿1颗大黑珠，打结，藏线。左右线各过1颗大黑珠，对穿1颗大黑珠。左右线各过1颗大红珠，加1颗大红珠对穿。左右线各过1颗大红珠，加1颗大黑珠对穿。左右线各过2颗大黑珠，打结，藏线。

Part 4 手的制作

30. 另取1根线，过2颗大红珠。

31. 右线穿1颗白珠和3颗大红珠，过2颗大红珠。

32. 右线穿1颗白珠和2颗大红珠，回穿步骤31中第3颗大红珠。右线过2颗大红珠，回到最初位置。

33. 左线穿1颗白珠和3颗大红珠，过2颗大红珠。左线穿1颗白珠和2颗大红珠，回穿步骤32中第3颗大红珠。

34.左线过2颗大红珠，回到最初位置，左右两线各过2颗过大红珠，打结，藏线。

35.另取1根线，过头顶2颗大黑珠。

Part 5 帽子的制作

36.左右线依次穿着6颗小黑珠(六角珠)、1颗小黄珠(地球珠)、3颗小黑珠，回穿小黄珠，再回穿6颗小黑珠。

37.对穿4颗大黑珠，回穿2颗大黑珠，打结，藏线。

Part 6 元宝身的制作

38.另取1根线，穿5颗小黄珠，最后1颗对穿。

39.左线穿4颗小黄珠，最后1颗对穿。

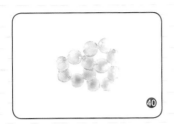

40.右线过1颗小黄珠，左线穿4颗小黄珠，最后1颗对穿。

41.右线过1颗小黄珠，左线穿3颗小黄珠，最后1颗对穿。右线过1颗小黄珠，左线穿3颗小黄珠，最后1颗对穿。

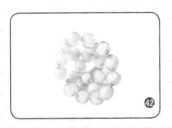

42.右线过2颗小黄珠，左线穿3颗小黄珠，最后1颗对穿。

43.右线过1颗小黄珠，左线穿3颗小黄珠，最后1颗对穿。右线过2颗小黄珠。

44.左线穿2颗小黄珠，最后1颗对穿。

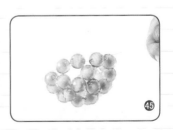

45.左右线各过1颗小黄珠。

46.左线穿3颗小黄珠，最后1颗对穿。

47.右线过3颗小黄珠，左线穿2颗
小黄珠，最后1颗对穿。

48.右线过3颗小黄珠，左线穿2颗
小黄珠，最后1颗对穿。

49.右线过4颗小黄珠，左线穿1颗
小黄珠，最后1颗对穿。

50.左线过1颗小黄珠，左线穿1颗
小红珠，打结。

51.另取1根线，过2颗小黄珠，左
线穿3颗小黄珠，最后1颗对穿。

52.右线过1颗小黄珠，左线穿2颗
小黄珠，打结。

53. 另一半另取1根线。

54. 以同样方法制作。

55. 取1根线，过元宝4颗黄珠。

56. 过2颗大红珠，在红珠中间打结藏线下。制作完成。

彩裙娃娃

CAI QUN WA WA

我绽开笑颜为你翩翩起舞，
七彩的飘飘裙裙是想传递给你我的快乐。

制作过程

Part 1 制作材料

玫红色、紫红色、黄色、蓝色、白色、黑色亚克力圆珠。

Part 2 头部的制作

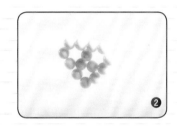

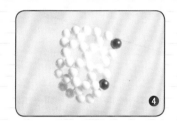

1.右线穿5颗白珠，最后1颗对穿。

2.左线穿5颗白珠，最后1颗对穿。右线过1颗白珠，左线穿1颗白珠，右线穿3颗白珠，最后1颗对穿。

3.左线穿5颗白珠，最后1颗对穿。右线过1颗白珠，左线穿3颗白珠，最后1颗对穿。

4.左线过1颗白珠，右线穿3颗白珠，最后1颗对穿。右线过1颗白珠，左线穿4颗白珠，最后1颗对穿。右线穿4颗白珠，最后1颗对穿。左线过1颗白珠，右线穿1颗黑珠、2颗白珠，最后1颗对穿。左线过2颗白珠，右线穿3颗白珠，最后1颗对穿，右线过2颗白珠，左线穿3颗白珠，最后1颗对穿。右线过1颗白珠，右线穿1颗白珠、1颗黑珠、1颗白珠，最后1颗对穿，左线过1颗白珠。

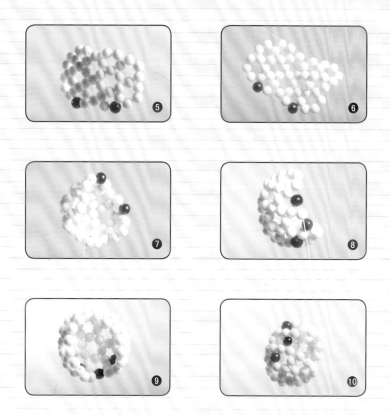

5.右线穿4颗白珠，最后1颗对穿。右线穿3颗白珠，左线过2颗白珠，最后1颗
对穿，左线过1颗白珠。

6.右线穿4颗白珠，最后1颗对穿，左线过3颗白珠。

7.右线穿2颗白珠，最后1颗对穿。左线过3颗白珠，右线穿3颗白珠，最后1颗
对穿，左线过1颗白珠。

8.左线过1颗白珠、1颗黑珠，右线穿2颗白珠，最后1颗对穿。左线过3颗白
珠，右线穿1颗白珠、1颗红珠，最后1颗对穿。左线过1颗黑珠、1颗白珠。

9.右线穿3颗白珠，最后1颗对穿，左线过1颗白珠，右线穿3颗白珠，最后1颗
对穿。左线过3颗白珠，右线穿2颗白珠，最后1颗对穿，左线过1颗白珠。

10.右线穿3颗白珠，最后1颗对穿，左线过3颗白珠，右线穿3颗白珠，最后1
颗对穿。左线过2颗白珠，右线穿3颗白珠，最后1颗对穿，重复1遍。左线过1
颗白珠、1颗红珠、1颗白珠。

11.左线穿1颗粉红珠、1颗白珠，最后1颗对穿。

12.左线过2颗白珠，右线穿3颗白珠，最后1颗对穿，左线过5颗白珠。

13.左线穿1颗粉红珠，对穿。头部完成。

❖ Part 3 身体的制作

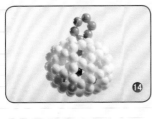

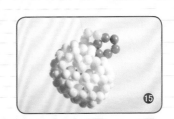

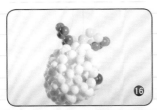

14.右线穿5颗粉珠，最后1颗对穿。

15.左线过1颗白珠，右线穿3颗黄珠，最后1颗对穿。

16.左线过1颗白珠，右线穿2颗黄珠、1颗粉珠，最后1颗对穿。左线过1颗粉珠，右线穿4颗粉珠，最后1颗对穿。左线过1颗白珠，右线穿3颗黄珠，最后1颗对穿。左线过1颗白珠、1颗粉珠。

17.右线穿2颗黄珠，最后1颗对穿。左线过1颗粉珠，右线穿4颗黄珠，最后1颗对穿，左线过1颗粉珠。

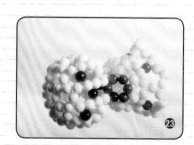

18.右线穿3颗黄珠，最后1颗对穿。左线过1颗粉珠、1颗黄珠，右线穿3颗黄珠，最后1颗对穿。左线过2颗黄珠，右线穿3颗黄珠，最后1颗对穿。左线过1颗黄珠、1颗粉珠，右线穿3颗黄珠，最后1颗对穿。左线过1颗粉珠，右线穿3颗黄珠，最后1颗对穿。左线过1颗粉珠、1颗黄珠，右线穿3颗黄珠，最后1颗对穿。左线过3颗黄珠。

19.右线穿2颗黄珠，最后1颗对穿。左线过1颗黄珠。

20.右线穿4颗黄珠、1颗粉珠，对穿粉珠。左线过2颗黄珠。

21.右线穿4颗黄珠，最后1颗对穿。左线过2颗黄珠，右线穿3颗黄珠、1颗粉珠，最后1颗对穿，左线过2颗黄珠。

22.重复21步骤2次。左线再过1颗黄珠。

23.右线穿3颗黄珠，最后1颗对穿。

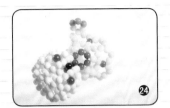

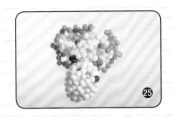

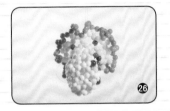

24.右线穿1颗黄珠、3颗蓝珠、1颗黄珠，最后1颗对穿。

25.左线过1颗黄珠，右线穿3颗蓝珠、1颗黄珠，最后1颗对穿。重复21次。

26.左线过2颗黄珠，右线穿3颗蓝珠，最后1颗对穿。打结，藏线。

❀ Part 4 手、头发的制作

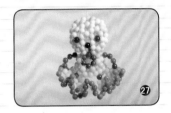

27.另起1根线，过裙裾边1颗黄珠，穿4颗粉红珠，过身体部分1颗黄珠，两端线分别打结，藏线。另一只手做法相同。

28.另起1根线，过头顶2颗白珠，右线穿2颗粉红珠，最后1颗对穿。右线穿3颗蓝珠，最后1颗对穿。左线过1颗白珠，右线穿3颗蓝珠然后对穿，打结。另一边步骤相同。

制作过程

Part 1 制作材料

红色、蓝色、白色亚克力圆珠，银色迷你珠(小米珠)，黑光珠，小铃铛。

Part 2 身体的制作

1.左线穿14颗蓝珠，最后1颗对穿。

2.右线过1颗蓝珠，左线穿2颗蓝珠、1颗白珠、1颗蓝珠，
最后1颗对穿。

3.右线过2颗蓝珠，左线穿2颗白珠和1颗蓝珠，最后1颗对穿。右线过2颗蓝珠，
左线穿1颗白珠和2颗蓝珠，最后1颗对穿。

4.右线过2颗蓝珠，左线穿3颗蓝珠，最后1颗对穿，重复2次。右线过3颗蓝珠。

5.左线穿2颗蓝珠，最后1颗对穿。

6.右线过1颗蓝珠，左线穿2颗蓝珠和2颗白珠，最后1颗对穿。

7.右线过2颗白珠，左线穿3颗白珠，最后1颗对穿。右线过2颗白珠，左线穿3颗白珠，最后1颗对穿。右线过2颗蓝珠，左线穿1颗白珠和2颗蓝珠，最后1颗对穿。

8.右线过2颗蓝珠，左线穿3颗蓝珠，最后1颗对穿。重复1次。右线过3颗蓝珠。

9.左线穿2颗蓝珠，最后1颗对穿。

10.右线过1颗蓝珠，左线穿2颗蓝珠和1颗白珠，最后1颗对穿。

11.右线过2颗白珠，左线穿2颗白珠，最后1颗对穿。重复2次。右线过2颗蓝珠，左线穿2颗蓝珠，最后1颗对穿。重复1次。右线过3颗蓝珠。

12.左线穿1颗蓝珠，最后1颗对穿。

Part 3 头的制作

13.左线穿4颗蓝珠，最后1颗对穿。

14.右线过1颗蓝珠，左线穿2颗蓝珠和1颗白珠，最后1颗对穿。右线过1颗白珠，左线穿3颗白珠，最后1颗对穿。右线过1颗白珠，左线穿1颗白珠、1颗红珠、2颗白珠，最后1颗对穿。

15.右线过1颗白珠，左线穿3颗白珠，最后1颗对穿。右线过1颗蓝珠，左线穿3颗蓝珠，最后1颗对穿。右线过2颗蓝珠。

16.左线穿2颗蓝珠，最后1颗对穿。

17.右线过1颗蓝珠，左线穿4颗蓝珠，最后1颗对穿。

18.右线过1颗蓝珠，左线穿3颗蓝珠，最后1颗对穿。右线过2颗蓝珠，左线穿3颗蓝珠，最后1颗对穿。右线过1颗白珠，左线穿1颗蓝珠和2颗白珠，最后1颗对穿。

19.右线过2颗白珠，左线穿1颗白珠和2颗红珠，最后1颗对穿。右线过1颗红珠，左线穿2颗白珠和1颗红珠，最后1颗对穿。右线过2颗白珠，左线穿1颗红珠和2颗白珠，最后1颗对穿。

20.右线过1颗白珠，左线穿1颗白珠和2颗蓝珠，最后1颗对穿。右线过2颗蓝珠，左线穿3颗蓝珠，最后1颗对穿。右线过2颗蓝珠。

21.左线穿2颗蓝珠，最后1颗对穿。

22.右线过1颗蓝珠，左线穿4颗蓝珠，最后1颗对穿。

23.右线过2颗蓝珠，左线穿3颗蓝珠，最后1颗对穿。右线过2颗蓝珠，左线穿3颗蓝珠，最后1颗对穿。右线过2颗蓝珠，左线穿2颗蓝珠和1颗白珠，最后1颗对穿。右线过2颗白珠，左线穿3颗白珠，最后1颗对穿。右线过1颗红珠和1颗白珠，左线穿3颗白珠，最后1颗对穿。右线过1颗白珠和1颗红珠，左线穿3颗白珠，最后1颗对穿。右线过2颗白珠，左线穿3颗白珠，最后1颗对穿。

24.右线过2颗蓝珠，左线穿3颗蓝珠，最后1颗对穿。右线过3颗蓝珠。

25.左线穿2颗蓝珠，最后1颗对穿。右线过1颗蓝珠，左线穿3颗蓝珠，最后1颗对穿。

26.右线过2颗蓝珠，左线穿3颗蓝珠，最后1颗对穿。右线过2颗蓝珠，左线穿2颗蓝珠，最后1颗对穿。右线过2颗蓝珠，左线穿3颗蓝珠，最后1颗对穿。右线过1颗蓝珠和1颗白珠，左线穿1颗蓝珠和1颗白珠，最后1颗对穿。右线过2颗白珠，左线穿2颗白珠和1颗黑珠，最后1颗对穿。

27.右线过2颗白珠，左线穿1颗白珠和1颗黑珠，最后1颗对穿。右线过2颗白珠，左线穿3颗白珠，最后1颗对穿。右线过1颗白珠和1颗蓝珠，左线穿2颗蓝珠，最后1颗对穿。右线过3颗蓝珠。

28.左线穿2颗蓝珠，最后1颗对穿。

29.右线过2颗蓝珠，左线穿3颗蓝珠，最后1颗对穿。

30.右线过3颗蓝珠，左线穿2颗蓝珠，最后1颗对穿。

31.右线过2颗蓝珠和1颗白珠，左线穿2颗蓝珠，最后1颗对穿。右线过3颗白珠，左线穿2颗蓝珠，最后1颗对穿。

32.右线过1颗白珠和3颗蓝珠，左线穿1颗蓝珠，打结。

33.取1根线，过眼睛下面1颗白珠。

34.左线穿1颗红珠，过1颗白珠。

35.过1颗黑珠，右线过1颗黑珠和1颗白珠，打结。

❀ Part 4 铃铛和手脚的制作

36.取1根线，打结，穿上小铃铛。

37.在铃铛两边穿上适量小米珠（银色迷你珠），绕颈部1圈后，打结，做成1条小项链。

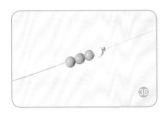

38.（手）取1根线，穿1颗白珠、3颗蓝珠、1颗小米珠。回穿小米珠。

39.另一只手做法相同。

40.（脚）取1根线，过前面2颗珠。

41.右线穿过1颗蓝珠，穿3颗白珠。

42.右线回穿1颗蓝珠，过1颗蓝珠。

43.右线穿1颗白珠，回穿1颗白珠，打结，藏线，完成。左脚做法相同。

制作过程

🐾 Part 1 制作材料

蓝色、黄色地球珠，红色透明地球珠，黑光珠。

🐾 Part 2 身体的制作

1.左线穿6颗蓝珠，最后1颗对穿。

2.右线穿4颗蓝珠，最后1颗对穿。左线过1颗蓝珠，右线穿3颗蓝珠，最后1颗对穿。

3.左线过1颗蓝珠，右线穿3颗蓝珠，最后1颗对穿。重复2次。左线过2颗蓝珠。

4.右线穿2颗蓝珠，最后1颗对穿。左线过1颗蓝珠。

5.右线穿4颗黄珠，最后1颗对穿。左线过2颗蓝珠。

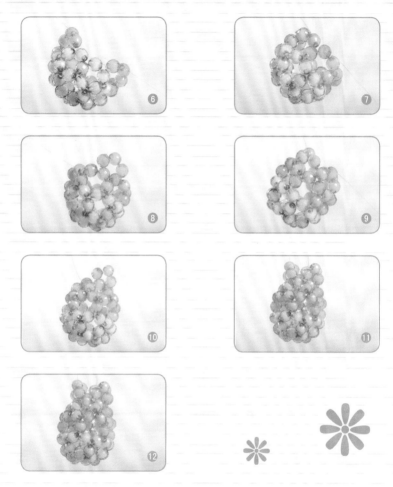

6.右线穿3颗黄珠，最后1颗对穿。左线过2颗蓝珠，右线穿3颗黄珠，最后1颗对穿。重复2次。左线过2颗蓝珠、1颗黄珠。

7.右线穿2颗黄珠，最后1颗对穿，左线过1颗黄珠。

8.右线穿3颗黄珠，最后1颗对穿。左线过2颗黄珠。

9.右线穿2颗黄珠，最后1颗对穿。左线过2颗黄珠，右线穿2颗黄珠，最后1颗对穿。重复2次。左线过3颗黄珠。

10.右线穿1颗黄珠，对穿。右线穿3颗黄珠，最后1颗对穿，左线过1颗黄珠。

11.右线穿2颗黄珠，最后1颗对穿，左线过1颗黄珠。重复2次。右线穿2颗黄珠，最后1颗对穿，左线过2颗黄珠。

12.右线穿1颗黄珠，对穿，打结。

❀ Part 3 头部的制作

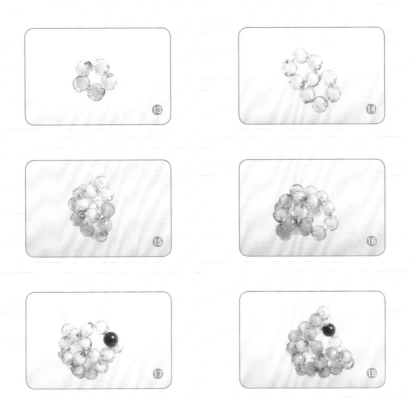

13.右线穿5颗蓝珠，最后1颗对穿。

14.右线穿4颗蓝珠，最后1颗对穿，左线过1颗蓝珠。

15.右线穿3颗蓝珠，最后1颗对穿，左线过1颗蓝珠。重复1次。左线穿1颗蓝珠、1颗黄珠、1颗蓝珠，最后1颗对穿，左线过1颗蓝珠，重复1次。

16.左线过1颗蓝珠，右线穿1颗黄珠、3颗蓝珠，最后1颗对穿。

17.左线过2颗蓝珠，右线穿1颗黑珠、2颗蓝珠，最后1颗对穿。左线过2颗蓝珠。

18.右线穿3颗蓝珠，最后1颗对穿。左线过2颗蓝珠。右线穿2颗蓝珠、1颗黄珠，最后1颗对穿。左线过3颗黄珠。

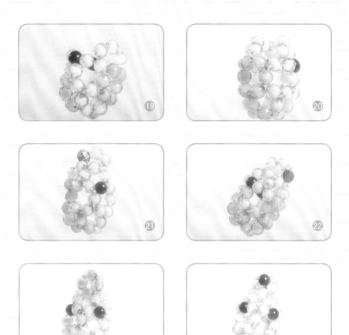

19.左线穿2颗黄珠，最后1颗对穿。左线过1颗蓝珠，右线穿3颗蓝珠，最后1颗对穿。左线过2颗蓝珠。

20.右线穿3颗蓝珠，最后1颗对穿，左线过2颗蓝珠。重复1火。右线穿3颗蓝珠，最后1颗对穿，左线过1颗蓝珠、1颗黄珠、1颗蓝珠。

21.右线穿1颗蓝珠，最后1颗对穿。左线过1颗蓝珠，右线穿2颗蓝珠和1颗红珠，最后1颗对穿。

22.左线过2颗蓝珠，右线穿2颗蓝珠，最后1颗对穿。

23.左线过2颗蓝珠，右线穿1颗蓝珠，最后1颗对穿。

24.右线穿1颗黑珠，最后1颗对穿。

25.另起1根线，过头顶2颗蓝珠，右线穿5颗黄珠，最后1颗对穿。左线过1颗蓝珠，右线回穿1颗黄珠，右线穿3颗黄珠，最后1颗对穿。左线过1颗蓝珠，右线穿2颗黄珠，最后1颗对穿。左线过1颗蓝珠和2颗黄珠，右线穿1颗黄珠，对穿，打结。完成右耳。

26.重复步骤25，完成左耳，头部完成。

27.将头部与身体部分连接起来。

28.连接以后的做法同身体的做法。

完成图

🌸 Part 4 尾巴和脚的制作

29.另取1根线，左线穿1颗蓝珠，右线过1颗蓝珠，再上1颗黄珠、3颗蓝珠、1颗黄珠，回穿3颗蓝珠和1颗黄珠，打结。尾巴完成。

30.另取1线，过身体下端1颗蓝珠，左线穿3颗黄珠，最后1颗对穿，打结，藏线。另一只脚做法相同。

七仔
QI ZAI

我是来自外太空的七仔，
我喜欢美丽的地球。

制作过程

Part ❶ 制作材料

绿色、白色、红色地球珠，大、小黑光珠。

Part ❷ 身体的制作

1.取1根线，穿10颗绿珠，最后1
颗对穿。

2.如图右线过1颗绿珠，左线穿4
颗绿珠。

3.左线隔1颗绿珠，过2颗绿珠。
右线穿4颗绿珠，隔2颗绿珠，过
2颗绿珠。左线穿4颗绿珠，隔2
颗绿珠，过1颗绿珠。

4.左线穿3颗绿珠，最后1颗对
穿。右线过1颗绿珠，左线穿2颗
绿珠，最后1颗对穿。

5.右线过1颗绿珠，左线穿2颗绿珠，最后1颗对穿。重复7次。右线过2颗绿珠，左线穿1颗绿珠。

6.右线过1颗绿珠，左线穿1颗绿珠、1颗白珠、1颗绿珠。

7.右线过2颗绿珠，左线穿1颗白珠和1颗绿珠，最后1颗对穿。重复2次。右线过3颗绿珠。

8.左线穿1颗白珠，对穿。

Part 3 头部的制作

9.左线穿5颗白珠，最后1颗对穿。

10.右线过1颗白珠，左线穿4颗白珠，最后1颗对穿。重复2次。右线过2颗白珠。

11.左线穿3颗白珠,最后1颗对穿。

12.右线过1颗白珠,左线穿3颗
白珠,最后1颗对穿。

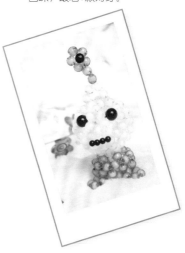

13.右线过1颗白珠,左线穿4颗白珠,最
后1颗对穿,右线过2颗白珠,左线穿2颗
白珠,最后1颗对穿。重复3次。右线过2
颗白珠。

14.左线穿3颗白珠,最后1颗对穿。

15.左线过2颗白珠,左线穿3颗白珠,最
后1颗对穿。右线过1颗白珠,左线穿3颗
白珠,最后1颗对穿。右线过3颗白珠,左
线穿2颗白珠,最后1颗对穿。右线过1颗
白珠,左线穿3颗白珠,最后1颗对穿。
右线过3颗白珠,左线穿1颗黑珠、1颗白
珠,最后1颗对穿。

16.右线过1颗白珠,左线穿3颗白珠,最
后1颗对穿。右线过3颗白珠,左线穿1颗
大黑珠和1颗白珠,最后1颗对穿。

17.右线过1颗白珠，左线穿3颗白珠，最后1颗对穿。右线过3颗白珠，左线穿2颗白珠，最后1颗对穿。右线过2颗白珠，左线穿2颗白珠，最后1颗对穿。

18.右线过2颗白珠，左线穿3颗白珠，最后1颗对穿。右线过3颗白珠，左线穿2颗白珠，最后1颗对穿。右线过1颗白珠、1颗大黑珠、1颗白珠，左线穿2颗白珠，最后1颗对穿，重复1次。右线过4颗白珠，左线穿1颗白珠，最后1颗对穿。

19.左线过左边2颗白珠，穿2颗白珠和7颗绿珠，隔5颗绿珠，回穿2颗绿珠。

20.右线过5颗白珠，穿2颗白珠，打结。右线过2颗绿珠，穿1颗红珠，过到下面打结。

21.取1根线，穿4颗小黑珠，安在眼睛下方的位置，打结，完成嘴巴。

雪人
XUE REN

我会一直陪伴着你，
直到春暖花开。

制作过程

❀ Part 1 制作材料

白色、黄色、红色亚克力圆珠，黑光珠。

❀ Part 2 身体的制作

1.右线穿5颗白珠，最后1颗对穿。左线过1颗白珠。

2.右线穿4颗白珠，最后1颗对穿。

3.左线过1颗白珠，右线穿4颗白珠，最后1颗对穿，重复2次。左线过2颗白珠。

4.右线穿3颗白珠，最后1颗对穿。左线过1颗白珠。

5.右线穿4颗白珠，最后1颗对穿。左线过1颗白珠。

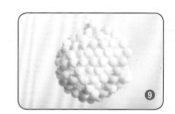

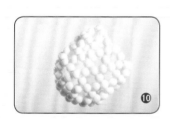

6.右线穿3颗白珠，最后1颗对穿，左线过2颗白珠，右线穿3颗白珠，最后1颗对穿，重复3次。左线过2颗白珠，右线穿2颗白珠，最后1颗对穿。

7.左线过1颗白珠，右线穿4颗白珠，最后1颗对穿。左线过2颗白珠，右线穿3颗白珠，最后1颗对穿。左线过1颗白珠，右线穿4颗白珠，最后1颗对穿，重复6次。左线过2颗白珠，右线穿3颗白珠，最后1颗对穿。

8.重复步骤7一次。

9.左线过1颗白珠，右线穿4颗白珠，最后1颗对穿，左线过2颗白珠，右线穿2颗白珠，最后1颗对穿。左线过2颗白珠。

10.右线穿3颗白珠，最后1颗对穿。左线过2颗白珠，右线穿2颗白珠，最后1颗对穿，重复3次。左线过3颗白珠，右线穿1颗白珠，最后1颗对穿。

11.左线过1颗白珠，右线过1颗白珠，最后1颗对穿。右线穿3颗白珠，最后1颗对穿。

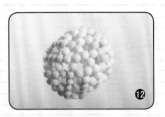

12.左线过3颗白珠，右线穿2颗白珠，最后1颗对穿，重复2次。左线过4颗白珠，右线穿1颗白珠，最后1颗对穿。

Part 3 头部的制作

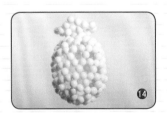

13.右线穿5颗白珠，最后1颗对穿。

15.重复步骤5~8。

14.左线过1颗白珠，右线穿4颗白珠，最后1颗对穿。重复2次。左线过2颗白珠，右线穿3颗白珠，最后1颗对穿。

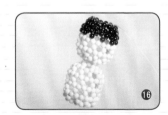

16.如图用红珠重复步骤7~10。

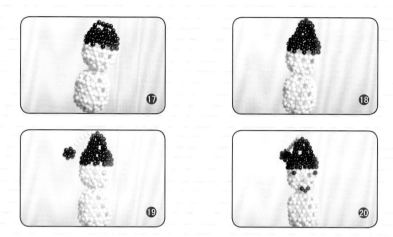

17.左线过1颗红珠，右线过1颗红珠，最后1颗对穿。右线穿4颗红珠，最后1颗对穿。左线过3颗红珠，右线穿3颗红珠，最后1颗对穿。

18.左线过3颗红珠，右线穿3颗红珠，最后1颗对穿。重复1次。左线过4颗红珠，右线穿2颗红珠，最后1颗对穿。左线过1颗红珠，右线穿3颗红珠，最后1颗对穿。左线过2颗红珠，右线穿2颗红珠，最后1颗对穿，重复2次。左线过3颗红珠，右线穿1颗红珠，最后1颗对穿。全部过线，右线穿1颗红珠，最后1颗对穿。

19.另起1根线。右线穿4颗红珠，最后1颗对穿。右线穿3颗红珠，最后1颗对穿。左线过1颗红珠，右线穿2颗红珠，最后1颗对穿。左线过1颗红珠，右线穿2颗红珠，最后1颗对穿。左线过2颗红珠，右线穿1颗红珠，最后1颗对穿，打结，藏1根线。另1根线上穿7颗白珠，过帽顶1颗红珠，打结。

20.另起1根线，穿1颗黄珠，左右线各过图中黄珠，左右线各穿1颗白珠。左右线往下各过1颗白珠，左线穿3颗红珠，打结，藏线，完成嘴、鼻子、眼睛。

❀ Part 4 手的制作

21.另起1根线，穿5颗白珠、1颗黑珠，回穿5颗白珠，打结。另一只手取1根线，过身体右侧4颗白珠，左线穿5颗白珠、1颗黑珠，最后1颗对穿，打结，完成。

泰迪熊

TAI DI XIONG

快乐时请拥抱我，
难过时也请拥抱我。

制作过程

Part 1 头部的制作

白色仿珍珠，黑光珠，红色地球珠。

Part 2 头部的制作

1.左线穿5颗白珠，最后1颗对穿。

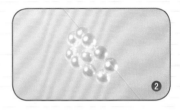

2.左线穿5颗白珠，最后1颗对穿。
右线过1颗白珠。

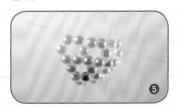

3.左线穿4颗白珠，最后1颗对穿。
右线过1颗白珠，左线穿4颗白珠，
最后1颗对穿。重复1次。右线过2颗
白珠。

4.左线穿3颗白珠，最后1颗对穿。
右线过1颗白珠。

5.左线穿4颗白珠，最后1颗对穿。
右线过1颗白珠。

6.左线穿3颗白珠，最后1颗对穿。
右线过2颗白珠。

7.左线穿3颗白珠，最后1颗对穿。右线过1颗白珠，左线穿3颗白珠，最后1颗对穿，右线过2颗白珠，左线穿3颗白珠，最后1颗对穿，重复1次。右线过2颗白珠。

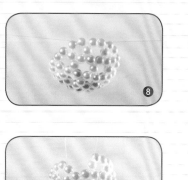

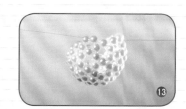

8.左线穿2颗白珠，最后1颗对穿。右线过1颗白珠。

9.左线穿4颗白珠，最后1颗对穿。右线过2颗白珠。

10.左线穿4颗白珠，最后1颗对穿。右线过2颗白珠，左线穿4颗白珠，最后1颗对穿，重复1次。右线过3颗白珠。

11.左线穿2颗白珠，最后1颗对穿。右线过1颗白珠。

12.左线穿3颗白珠，最后1颗对穿。右线过2颗白珠。

13.左线穿2颗白珠，最后1颗对穿。右线过2颗白珠，左线穿2颗白珠，最后1颗对穿。重复3次。右线过2颗白珠。

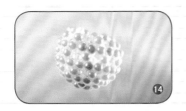

14.左线穿3颗白珠，最后1颗对穿。
右线过2颗白珠，左线穿2颗白珠，
最后1颗对穿。重复1次。右线过3颗
白珠。

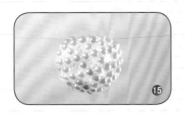

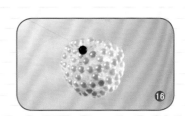

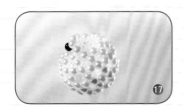

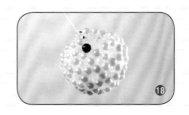

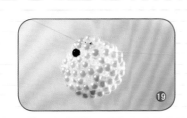

15.左线穿2颗白珠，最后1颗对穿，右线过1颗白珠。
16.左线穿2颗白珠、1颗黑珠，最后1颗黑珠对穿。右线过2颗白珠。
17.左线穿2颗白珠，最后1颗对穿。右线过2颗白珠。
18.左线穿1颗白珠、1颗黑珠，最后1颗黑珠对穿。右线过2颗白珠。
19.左线穿2颗白珠，最后1颗对穿。右线过2颗白珠。
20.左线穿2颗白珠，最后1颗对穿。右线过3颗白珠。

21.左线穿1颗白珠，最后1颗对穿。左线过1颗白珠。

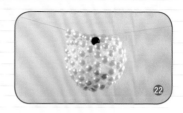

22.左线穿3颗白珠，最后1颗对穿。右线过1颗白珠。

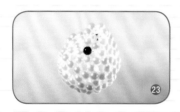

23.左线穿2颗白珠，最后1颗对穿。右线过1颗白珠。左线穿2颗白珠，最后1颗对穿，重复1次。右线过2颗白珠。

24.左线穿1颗白珠，打结。双线齐穿1颗红珠，左线过左边2颗白珠，右线过右边3颗白珠，两线打结。

❀ Part 3 身体的制作

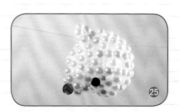

25.右线穿4颗白珠，最后1颗对穿。右线过1颗白珠。

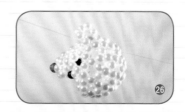

26.左线穿3颗白珠，最后1颗对穿。右线过1颗白珠。

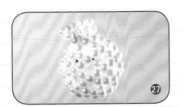

27. 左线穿4颗白珠，最后1颗对穿。右线过1颗白珠。

28. 左线穿3颗白珠，最后1颗对穿。右线过1颗白珠，左线穿3颗白珠，最后1颗对穿。右线过2颗白珠，左线穿3颗白珠，最后1颗对穿。

29. 右线过1颗白珠。

30. 左线穿4颗白珠，最后1颗对穿。右线过2颗白珠。

31. 左线穿3颗白珠，最后1颗对穿。右线过2颗白珠，左线穿3颗白珠，最后1颗对穿。右线过1颗白珠。

32. 左线穿3颗白珠，最后1颗对穿。右线过1颗白珠。

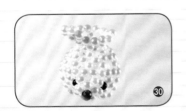

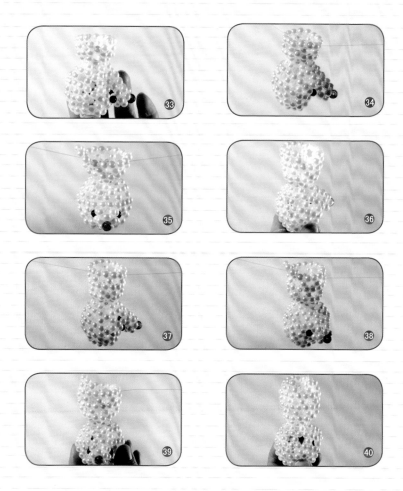

33. 左线穿3颗白珠，最后1颗对穿。右线过1颗白珠，左线穿3颗白珠，最后1颗对穿，重复1次。右线过2颗白珠。

34. 左线穿2颗白珠，最后1颗对穿。右线过1颗白珠。

35. 左线穿4颗白珠，最后1颗对穿。右线过2颗白珠。

36. 左线穿3颗白珠，最后1颗对穿。右线过2颗白珠，左线穿3颗白珠，最后1颗对穿，重复4次。右线过3颗白珠。

37. 左线穿2颗白珠，最后1颗对穿。右线过1颗白珠。

38. 右线过2颗白珠，左线穿2颗白珠，最后1颗对穿。

39. 右线过2颗白珠，左线穿3颗白珠，最后1颗对穿。

40. 重复步骤38～39，共2次。右线过3颗白珠。

41.左线穿1颗白珠，最后1颗对穿。左右线各过1颗白珠。

42.左线穿2颗白珠，最后1颗对穿。右线过3颗白珠。

43.左线穿1颗白珠，最后1颗对穿。右线过3颗白珠，左线穿1颗白珠，最后1颗对穿，过线，打结。

Part 4 脚的制作

44.取1根线，过1颗白珠。

45.左线穿3颗白珠，最后1颗对穿，右线过1颗白珠、穿2颗白珠，最后1颗对穿。

46.重复步骤45，共2次。右线过2颗白珠，左线穿1颗白珠，最后1颗对穿。

47.左线穿3颗白珠，最后1颗对穿。重复步骤46一次。左线穿3颗白珠，最后1颗对穿。左线穿3颗白珠，最后1颗对穿。右线过1颗白珠。

48.左线穿4颗白珠，最后1颗对穿。右线过1颗白珠。

49.右线穿1颗白珠，最后1颗对穿。右线穿3颗白珠，最后1颗对穿。左线过1颗白珠。

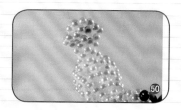

50.左线穿2颗白珠，最后1颗对穿。右线过1颗白珠。

51.左线穿2颗白珠，右线穿1颗白珠，对穿左线最后1颗白珠，重复1次。左线穿1颗白珠，左线过2颗白珠。

52.左线穿3颗白珠，最后1颗对穿。左线过2颗白珠。

53.左线穿1颗白珠，最后1颗对穿。左线过3颗白珠，打结。另一只脚做法相同。

Part 5 尾巴、手、耳朵的制作

54.取1根线，过1颗白珠。

55.左线穿3颗白珠，最后1颗对穿。右线过1颗白珠。

56.左线穿3颗白珠，最后1颗对穿。右线过1颗白珠，左线穿3颗白珠，最后1颗对穿，重复1次。右线过1颗白珠、过1颗白珠。

57.左线穿1颗白珠，打结。双线齐1颗大白珠，左线过左边2颗白珠，右线过右边3颗白珠，两线打结。尾巴完成。

58.左线穿2颗白珠，最后1颗对穿。右线过1颗白珠。

59.左线穿2颗白珠，最后1颗对穿。右线穿3颗白珠，最后1颗对穿。左线穿2颗白珠，右线穿1颗白珠，对穿左线最后1颗白珠。左线过2颗白珠。

晶彩珠饰界

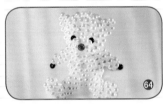

60.左线穿1颗白珠，最后1颗对穿。
左线穿3颗白珠，最后1颗对穿。右
线过1颗白珠。

61.左线穿2颗白珠，最后1颗对穿。
右线穿2颗白珠。

62.左线穿1颗白珠，打结。左线穿1
颗黑珠，过1颗白珠，两线打结。另
一只手做法相同。取1根线，过1颗
白珠。

63.左线穿4颗白珠，最后1颗对穿。
右线过1颗白珠。

64.左线穿2颗白珠，打结。另一只
耳朵做法相同。

我是查理布朗家的史努比，
我会思考，喜欢巧克力饼曲奇饼干。

制作过程

Part 1 制作材料

大、小黑光珠，粉色仿珍珠，紫色仿珍珠，白色亚克力圆珠。

Part 2 头部的制作

1.取1根线，穿5颗白珠，最后1颗对穿。

2.左线穿5颗白珠，最后1颗对穿。

3.右线过1颗白珠，左线穿4颗白珠，最后1颗对穿。

4.重复步骤3一次。右线过2颗白珠。

5.左线穿3颗白珠，最后1颗对穿，右线过1颗白珠。

6.左线穿4颗白珠，最后1颗对穿，右线过1颗白珠，左线穿3颗白珠，最后1颗对穿，重复1次。右线过2颗白珠，左线穿3颗白珠，最后1颗对穿。

7.右线过1颗白珠，左线穿3颗白珠，最后1颗对穿，右线过2颗白珠，左线穿3颗白珠，最后1颗对穿，重复3次。右线过2颗白珠。

8.左线穿2颗白珠，最后1颗对穿。右线过1颗白珠，左线穿4颗白珠，最后1颗对穿。

9.右线过2颗白珠，左线穿3颗白珠，最后1颗对穿，重复7次。

10.左线穿2颗白珠，最后1颗对穿。右线过1颗白珠，左线穿1颗黑珠、2颗白珠，最后1颗白珠对穿。

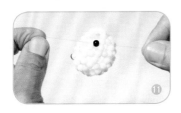

11.右线过2颗白珠，左线穿2颗白珠，最后1颗对穿，重复2次。右线过2颗白珠，左线穿1颗白珠、1颗黑珠，最后1颗黑珠对穿。

12.右线过2颗白珠，左线穿3颗白珠，最后1颗对穿。

13.重复步骤12，共4次。右线过2颗白珠、1颗黑珠。

14.左线穿2颗白珠，最后1颗对穿。右线过1颗白珠。

15.左线穿4颗白珠，最后1颗对穿。

16.右线过2颗白珠，左线穿3颗白珠，最后1颗对穿。

17.重复步骤16，共4次。右线过3颗白珠，左线穿2颗白珠，最后1颗对穿。

18.右线过1颗白珠，左线穿4颗白珠，最后1颗对穿。

19.右线过2颗白珠，左线穿3颗白珠，最后1颗对穿，重复3次。右线过3颗白珠，左线穿2颗白珠，最后1颗对穿。

20.右线过1颗白珠，左线穿3颗白珠，最后1颗对穿。

21.右线过2颗白珠，左线穿2颗白珠，最后1颗对穿，重复3次。

22.左线穿1颗白珠，打结。

23.左线穿1颗黑珠，打结，头部完成。

Part 3 身体的制作

24.另取1根线，过1颗白珠。

25.左线穿4颗粉珠，最后1颗对穿。右线过1颗白珠。

26.左线穿3颗粉珠，最后1颗对穿。

27.右线过1颗白珠，左线穿3颗白珠，最后1颗对穿。

28.重复步骤27，共2次。

29.右线过1颗白珠、1颗粉珠。

30.左线穿2颗白珠，最后1颗对穿。

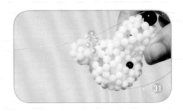

31.右线过1颗粉珠，左线穿4颗白珠，最后1颗对穿。

32.右线过2颗粉珠，左线穿3颗白珠，最后1颗对穿。右线过1颗白珠、1颗粉珠，左线穿3颗白珠，最后1颗对穿。

33.右线过2颗白珠，左线穿3颗白珠，最后1颗对穿，重复1次。右线过3颗白珠。

34.左线穿2颗白珠，最后1颗对穿。右线过1颗白珠，左线穿4颗白珠，最后1颗对穿。

35.右线过2颗白珠，左线穿3颗白珠，最后1颗对穿，重复3次。右线过3颗白珠，左线穿2颗白珠，最后1颗对穿。

Part 4 脚、手、耳朵的制作

36.左线穿4颗黑珠，过2颗白珠。

37.左线穿4颗黑珠，隔1颗白珠，过1颗白珠，两线打结。

38.(手)另取1根线，过中间2颗白珠。

39.左右线各穿1颗紫珠、5颗白珠。左右线各过1颗白珠、2颗粉珠。

40.两线打结。

41.(耳朵)另取1根线，过1颗白珠。

42.左线穿2颗黑珠，最后1颗对穿。左线穿2颗黑珠，右线穿1颗黑珠，左线最后1颗黑珠对穿，重复2次。

43.右线穿3颗黑珠，最后1颗对穿，重复1次。左线过1颗黑珠。

44.右线穿2颗黑珠,最后1颗对穿。左线过1颗黑珠,右线穿2颗黑珠,最后1颗对穿。右线过1颗黑珠,右线穿1颗黑珠,打结。

45.耳朵完成。

46.另取1根线,过1颗白珠。

47.左线穿2颗黑珠,最后1颗对穿。

48.其他做法相同。

唐老鸭
TANG LAO YA

"你好啊，
我亲爱的外甥，嘎——"

制作过程

蓝、白、黄、紫地球珠，黑光珠。

1.左线穿4颗白珠，最后1颗对穿。

2.左线穿6颗白珠，最后1颗对穿。

4.左线穿4颗白珠，最后1颗对穿。

3.右线过1颗白珠，左线穿5颗白珠，最后1颗对穿，重复1次。右线过2颗白珠。

5.右线过1颗白珠，左线穿1颗白珠、2颗蓝珠、1颗白珠，最后1颗对穿。

6.右线过2颗白珠，左线穿2颗蓝珠、1颗白珠，最后1颗对穿。

7.重复步骤6，共5次。右线过3颗白色珠子。

8.左线穿2颗蓝珠，最后1颗对穿。

9.左线穿1颗蓝珠、1颗紫珠、1颗蓝珠，最后1颗对穿。

10.右线过2颗蓝珠，左线穿1颗紫珠、1颗蓝珠，最后1颗对穿。

11.右线过2颗蓝珠，左线穿2颗蓝珠，最后1颗对穿，重复4次。右线过3颗蓝珠。

12.左线穿1颗蓝珠，最后1颗对穿。

13.左线过1颗蓝珠，穿1颗蓝珠、1颗白珠、1颗蓝珠，最后1颗对穿。

14.右线过2颗紫珠，左线穿1颗白珠、1颗蓝珠，最后1颗对穿。

15.右线过3颗蓝珠。

16.左线穿1颗白珠，最后1颗对穿。

❀ Part 3 头部的制作

17.左线穿4颗白珠，最后1颗对穿。

18.右线过1颗白珠，左线穿1颗白珠、1颗黄珠、1颗白珠，最后1颗对穿。

19.右线过1颗白珠，左线穿2颗黄珠、1颗白珠，最后1颗对穿。右线过2颗白珠。

20.左线穿1颗黄珠、1颗白珠，最后1颗对穿。

21.右线过1颗白珠，左线穿1颗黄珠、3颗白珠，最后1颗对穿。

22.右线过2颗白珠，左线穿2颗白珠、1颗黄珠，最后1颗对穿。

23.右线过2颗黄珠，左线穿2颗黄珠、1颗白珠，最后1颗对穿。

24.右线过3颗黄珠。

25.左线穿2颗黄珠，最后1颗对穿。

26.右线过1颗白珠，左线穿1颗白珠、1颗蓝珠、1颗白珠，最后1颗对穿。

27.右线过2颗白珠，左线穿1颗蓝珠、1颗白珠，最后1颗对穿。

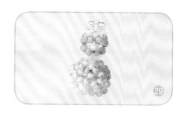

28.右线过1颗白珠、1颗黄珠，左线穿1颗蓝珠、1颗白珠，最后1颗对穿。

29.右线过2颗黄珠、1颗白珠，左线穿1颗蓝珠，最后1颗对穿。打结。

Part 4 脚、手、嘴、眼睛的制作

30.取1根线，过底部中间2颗白珠。

31.左右线各穿4颗黄珠。

32.隔2颗白珠过上端1颗白珠。

33.左右线各过2颗蓝珠。

34.左右线各穿3颗白珠、1颗蓝珠，回穿3颗白珠。

35.左线过2颗蓝珠、1颗白珠。

36.右线过2颗蓝珠、1颗白珠。

37.左线过2颗黄珠，穿5颗黄珠，
左右线对过2颗黄珠。

38.左右线各穿1颗黑珠，对过2颗
黄珠。

39.左右线各过1颗白珠。

40.右线穿4颗蓝珠，过正面头顶1颗蓝
珠。左右线各过头顶侧面2颗蓝珠。

41.左线穿2颗蓝珠，右线穿4颗蓝珠，
回穿1颗蓝珠。

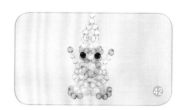

42.打结，完成。

玉兔
YU TU

黑兔子、白兔子，
古灵精怪的粉兔子！

制作过程

Part 1 制作材料

粉色地球珠，白色、红色地球珠，红色亚克力圆珠。

Part 2 身体的制作

1.左线穿5颗粉珠，最后1颗对穿。

2.左线穿4颗粉珠，最后1颗对穿。

4.右线过1颗粉珠，左线穿3颗粉珠，最后1颗对穿，重复1次。

3.右线过1颗粉珠，左线穿3颗粉珠，最后1颗对穿。

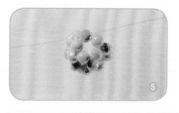

5.右线过2颗粉珠，左线穿2颗粉珠，最后1颗对穿。

6.右线过1颗粉珠。

7.左线穿4颗粉珠，最后1颗对穿。右线
过2颗粉珠。

8.左线穿3颗粉珠，最后1颗对穿，
重复2次。右线过3颗粉珠。

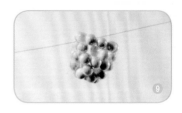

9.左线穿2颗粉珠，最后1颗对穿。

10.右线过1颗粉珠。

11.左线穿3颗粉珠，最后1颗对穿。
右线过2颗粉珠。

12.左线穿2颗粉珠，最后1颗对穿，
重复2次。右线过3颗粉珠。

13.左线穿1颗粉珠，最后1颗对穿。

14.左线穿4颗粉珠，最后1颗对穿。

15.右线过1颗粉珠。

16.左线穿3颗粉珠，最后1颗对穿。
右线过1颗粉珠。

17.左线穿3颗粉珠，最后1颗对穿，
右线过1颗粉珠。

18.左线穿3颗粉珠，最后1颗对穿，
右线过2颗粉珠。

19.左线穿2颗粉珠，最后1颗对穿。

20.左线过1颗粉珠。

21.右线穿3颗粉珠，最后1颗对穿。

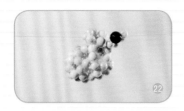

22.左线过1颗粉珠，右线穿2颗粉珠、1颗红珠，最后1颗对穿。左线过2颗粉珠。

23.右线穿2颗粉珠，最后1颗对穿，左线过2颗粉珠，重复1次。右线穿1颗粉珠、1颗红珠，最后1颗红珠对穿。

24.左线过3颗粉珠。

25.左线穿1颗粉珠，打结。

Part 3 其他部位的制作

26.（耳朵）取1根线，过头部1颗粉珠。

27.左线穿5颗粉珠，回穿1颗粉珠，再穿3颗粉珠，过下面1颗粉珠，打结。另外1只耳朵做法相同。

28.取1根线，穿1颗红珠(亚克力圆珠)，左右线各过1颗粉珠。

29.左右线各过3颗粉珠，分别穿入2颗白珠，各过1颗粉珠。

30.左右线各穿2颗白珠，各过1颗粉珠，各穿入1颗粉珠，对穿1颗白珠，打结，完成。

内 容 提 要

本书收录了10款简单易上手的卡通形象串珠作品，直观且清晰地展示了串珠作品的丰富性和趣味性，提供了一种新的亲子互动模式。细致的制作步骤图和简洁的文字描述相结合，手把手教您如何制作宝宝喜爱的卡通形象串珠作品，带给您更大的满足感。

图书在版编目（CIP）数据

趣味卡通 / 阿瑛编. — 北京：中国纺织出版社，
2014.9
（晶彩珠饰界）
ISBN 978-7-5180-0833-9

Ⅰ. ①趣… Ⅱ. ①阿… Ⅲ. ①手工艺品—制作 Ⅳ.
①TS973.5

中国版本图书馆CIP数据核字（2014）第172766号

责任编辑：阚媛媛　　责任印制：储志伟
编　委：石　榴　秦美花　邵海燕　　封面设计：盛小静

中国纺织出版社出版发行
地址：北京市朝阳区百子湾东里A407号楼　　邮政编码：100124
销售电话：010-87155894　传真：010-87155801
http://www.c-textilep.com
E-mail:faxing@c-textilep.com
长沙湘诚印刷有限公司印刷　　各地新华书店经销
（长沙市开福区伍家岭新码头95号）
2014年9月第1版第1次印刷
开本：889×1194　1／32　印张：2.5
字数：80千字　定价：15.80元